Temesgen Soressa

Urbanização rápida, assentamentos precários e interface da política de habitação

Temesgen Soressa

Urbanização rápida, assentamentos precários e interface da política de habitação

Imprint
Any brand names and product names mentioned in this book are subject to trademark, brand or patent protection and are trademarks or registered trademarks of their respective holders. The use of brand names, product names, common names, trade names, product descriptions etc. even without a particular marking in this work is in no way to be construed to mean that such names may be regarded as unrestricted in respect of trademark and brand protection legislation and could thus be used by anyone.

Cover image: www.ingimage.com

This book is a translation from the original published under ISBN 978-620-2-30631-7.

Publisher:
Sciencia Scripts
is a trademark of
Dodo Books Indian Ocean Ltd. and OmniScriptum S.R.L publishing group

120 High Road, East Finchley, London, N2 9ED, United Kingdom
Str. Armeneasca 28/1, office 1, Chisinau MD-2012, Republic of Moldova, Europe
Printed at: see last page
ISBN: 978-620-7-70163-6

Resumo

A habitação é uma parte necessária da subsistência de uma pessoa. Sem uma habitação adequada, as pessoas não podem satisfazer as suas necessidades básicas e participar adequadamente na sociedade. A cidade de Nekemte caracteriza-se por uma migração intensa, uma elevada procura de habitação, uma base económica pouco desenvolvida, políticas de habitação inadequadas, uma elevada taxa de desemprego, pobreza e ocupação. Este documento analisa, portanto, a rápida urbanização, os ocupantes e a interface entre a política de habitação e o desenvolvimento urbano em Nekemte. A metodologia utilizada aqui é uma análise descritiva em que os dados são retirados de fontes primárias e secundárias. Para obter informações fiáveis, foram seleccionados todos os distritos administrativos da cidade com base na extensão do problema das ocupações e na sua contribuição para a expansão urbana não planeada. Com base nos dados sobre a ocupação obtidos em cada distrito administrativo, foram seleccionadas amostras através de uma amostragem aleatória sistemática.

As principais conclusões do estudo mostram que existe uma grande discrepância entre a rápida urbanização, a disseminação da ocupação e a política de habitação. De acordo com o estudo, registou-se uma forte expansão física das cidades com posse ilegal de terras para habitação e pouca contribuição política para a resolução do problema. A entrada de 10% do preço total do custo do arrendamento exigida na proclamação da política de arrendamento de terras não correspondia ao rendimento real dos ocupantes, segundo o estudo. Por conseguinte, esta abordagem do preço de arrendamento baseada no mercado não era inclusiva para as pessoas pobres da zona. Para além do pagamento da entrada, a proclamação garante a conclusão da construção dentro do período especificado no contrato de arrendamento: até 24 meses para pequenas construções, até 36 meses para construções médias e 48 meses para grandes construções. Daqui se depreende que é difícil para as pessoas pobres ou sem-abrigo a quem é concedido o arrendamento de terras construírem uma casa dentro do prazo, uma vez que os custos se juntam ao pagamento da entrada.

Originalmente, o programa de habitação integrada tinha como objetivo resolver o problema da população pobre nas áreas urbanas do país em geral e na área de estudo em particular. Com base na Proclamação n.º 122/99, quem quisesse comprar uma casa integrada deveria pagar 20% do custo total e 80% era coberto pelo banco para fins de habitação. Mas quando vemos o programa de habitação integrada, o custo do pagamento final ou inicial é muito elevado em comparação com o rendimento mensal do agregado familiar.

Palavras-chave: Aglomerados urbanos, ocupantes e política de habitação

Capítulo 1 Introdução

Todas as sociedades, tanto nos países em desenvolvimento como nos países industrializados, são, em certa medida, confrontadas com problemas de habitação e com a falta de instalações adequadas. O principal problema na maioria dos países é a disponibilização de um número adequado de habitações com a qualidade desejada.

Uma grande parte da população urbana dos países em desenvolvimento vive em aglomerados informais, em grande parte devido ao rápido crescimento demográfico e à pobreza generalizada. As medidas regulamentares convencionais - controlo dos preços, normas mínimas de construção, erradicação dos bairros de lata e controlo do crescimento urbano - não conseguiram melhorar as condições de habitação dos pobres. (APA Journal 1987)

Na maioria das cidades, de acordo com o Programa das Nações Unidas para os Assentamentos Humanos (UN-Habitat), citado na revista Global Urban Development Volume 2 (2006)

> "A deterioração do acesso a abrigos e à segurança da posse está a conduzir a graves problemas de sobrelotação, de falta de habitação e de saúde ambiental." Este aumento global da pobreza urbana e da insegurança habitacional está a ocorrer num contexto de globalização acelerada e de políticas de ajustamento estrutural que combinam: (i) medidas de desregulamentação; (ii) retirada maciça do governo dos sectores urbano e habitacional; (iii) tentativas de integrar os mercados informais - incluindo a terra e a habitação - no domínio da economia de mercado formal, particularmente através de programas de registo e titulação de terras em grande escala."

De acordo com Solomon e Ruth McLeod (2004), o crescimento urbano muito acelerado que a Etiópia regista atualmente é sobretudo um produto de elevadas taxas de crescimento natural e da migração rural-urbana. Tal como a maioria dos centros urbanos do mundo em desenvolvimento, as cidades etíopes enfrentam uma série de problemas, incluindo a escassez aguda e crescente de habitações, a eliminação inadequada de resíduos sólidos e líquidos, estradas de acesso mal construídas, esgotos mal cheirosos e entupidos, grave escassez de água potável, serviços de saúde e de educação inadequados, um problema crescente de desemprego e pobreza. W. Vliet e Fava (1985) afirmam igualmente que a crise da habitação se deve à discrepância entre a oferta e a procura no mercado da habitação económica. A procura é apenas parcialmente impulsionada pela rápida migração rural-urbana. O fator mais influente são as rendas elevadas para os pobres urbanos, que estes não podem pagar devido aos baixos custos no mercado. Os ocupantes não conseguem adquirir habitação em quantidades e a custos proporcionais aos seus rendimentos.

Os centros urbanos da Etiópia caracterizam-se por uma base económica pouco desenvolvida, uma elevada taxa de desemprego, pobreza e habitantes de bairros de lata. O desemprego urbano está estimado em 16,7% da população. Os dados disponíveis mostram também que quase 40% dos habitantes das cidades vivem abaixo do limiar de pobreza. Um indicador da extensão da pobreza urbana é a proporção da população urbana que vive em bairros de lata. Estima-se que 70 % da população urbana vive em bairros degradados. Estudos realizados nos últimos cinco anos concluem que existe atualmente uma carência de 900 000 a 1 000 000 de habitações nos centros urbanos e que apenas 30% do parque habitacional urbano existente está em boas ou adequadas condições (IHDP; 2008).

Descrição do problema

De acordo com a Ficha de Dados sobre a População Mundial do Gabinete de Referência da População (2002), a Etiópia é um dos países menos urbanizados do mundo. Mesmo para os padrões africanos, o nível de urbanização é baixo. Enquanto o grau médio de urbanização para a África em geral era de 33% em 2002, apenas 16% da população da Etiópia vivia em zonas urbanas. Apesar do baixo nível de urbanização e do facto de o país ser predominantemente rural, verifica-se um rápido crescimento urbano, atualmente estimado em 5,1% por ano.

Tal como referido por (UNCHS, 2001), citado em Wondimu Robi (2011), a maioria das cidades africanas tem as mesmas características: baixo desenvolvimento económico e investimento estrangeiro insuficiente. Infelizmente, a maior proporção de taxas de crescimento urbano encontra-se em África. Atualmente, as zonas urbanas dos países em desenvolvimento não conseguem satisfazer as necessidades básicas dos novos migrantes e a intensidade do problema enfrentado pelos governos, urbanistas e todos os envolvidos na criação de um melhor nível de vida para estes residentes é extremamente elevada. Isto é evidente quando se olha para o ritmo a que a população das zonas urbanas tem aumentado ao longo dos anos e para os níveis assustadores que se prevê que venha a atingir dentro de trinta anos.

Os aglomerados populacionais construídos ilegalmente surgiram normalmente na periferia rural das cidades, em resultado de especuladores de terras que compravam terrenos agrícolas e os construíam sem estradas adequadas, saúde, educação e instalações recreativas. A expetativa era que o governo providenciasse estas infra-estruturas básicas no futuro. Nestas circunstâncias, os terrenos foram comprados, urbanizados e ocupados sem a necessária autorização das autoridades de planeamento urbano (Mustapha Oyewole 2009).

Muito se tem escrito sobre os aglomerados informais e os seus impactos ambientais, sociais e económicos nas zonas urbanas. No entanto, existem lacunas na investigação sobre a eficácia das políticas de habitação na resolução do problema da urbanização rápida, dos aglomerados populacionais e de outros problemas sociais na área de estudo em geral, e não foi realizada qualquer investigação sobre os aglomerados populacionais na área de estudo em particular. Por conseguinte, esta investigação identificou a lacuna entre a eficácia das políticas de habitação adoptadas pelo governo e estes problemas sociais. Assim, foram avaliadas as políticas de habitação para as populações urbanas pobres, de modo a satisfazer as necessidades básicas de habitação na área de estudo.

Em relação aos problemas acima referidos, o aumento dos aglomerados populacionais informais ou ocupantes na área de estudo foi uma questão crítica. Nekemte é uma das cidades localizadas na parte ocidental do estado e a sua área urbana está a expandir-se mais rapidamente em todas as direcções do que qualquer outra parte ocidental. Isto deve-se principalmente ao facto de a cidade servir de centro de transportes para Jima, Iluababora, Bahir Dar Asosa Dambidolo e Gambela. Em segundo lugar, a cidade serviu de centro administrativo para quatro zonas de Wollega, o que contribuiu para a expansão histórica da cidade e moldou a mentalidade das pessoas para viverem neste centro. Em terceiro lugar, a proximidade da cidade com a região acima referida. Tudo isto conduziu a uma rápida expansão da cidade e a um forte desenvolvimento da ocupação.

O processo de expansão, em especial as ocupações ilegais, a aplicação incorrecta das políticas de arrendamento de terras, a falta de intervenção no planeamento, a falta de capacidade financeira dos terrenos para habitação, as transferências ilegais de terrenos urbanos para os ocupantes e outros são os problemas da cidade. Estes antecedentes reflectem-se no desenvolvimento da cidade, que se caracteriza em grande parte por um crescimento espontâneo. Em geral, estes problemas foram identificados na área de estudo.

Objectivos do estudo

Objetivo geral

O principal objetivo deste estudo foi investigar e identificar a urbanização, a instalação de ocupantes e a implementação de políticas relacionadas com o sistema de direitos de propriedade de casas na área de estudo.

Objectivos específicos

i. Acompanhamento da evolução da expansão urbana

ii. Descrição dos factores responsáveis pelo aparecimento e desenvolvimento de aglomerados populacionais na cidade

iii. Determinação das condições socioeconómicas e demográficas dos ocupantes na zona de estudo

iv. Avaliação da política de habitação em relação aos bairros sociais da cidade em geral e das medidas adoptadas pela administração local em particular.

Questões de investigação

Com estes objectivos específicos em mente, este estudo procura responder às seguintes questões de investigação: i. Quais são os factores que aceleram a expansão da cidade de Nekemte?

ii. Qual é a causa da ocupação da zona objeto de investigação?

iii. Qual é a situação socioeconómica dos aglomerados populacionais na área de estudo?

iv. Como é que a política está a ser aplicada para resolver o problema das ocupações?

A importância da investigação

As informações fiáveis sobre os aglomerados populacionais informais na área de estudo são indicadores importantes das condições de habitação e dos factores que contribuem para os aglomerados populacionais. Por conseguinte, a avaliação do desenvolvimento urbano atual e dos colonos ilegais é de grande importância para o desenvolvimento de políticas de habitação e para a resolução de problemas relacionados com a habitação. Este estudo contribuirá para o conhecimento no domínio da utilização de terrenos ilegais para fins habitacionais, contribuindo assim para a formulação de políticas e colmatando a lacuna de conhecimento entre a urbanização e a colonização ilegal e a política de habitação.

Fontes e métodos de recolha de dados

A fim de atingir os objectivos do estudo e resolver o problema de investigação, foram utilizadas fontes de dados primárias e secundárias. Foram utilizados vários instrumentos de recolha de dados para recolher dados de fontes primárias e secundárias. A fim de obter dados fiáveis sobre as características do agregado familiar e da habitação, foi realizado um inquérito ao agregado familiar utilizando questionários e observação.

Os dados secundários foram obtidos a partir de uma variedade de fontes, sendo os materiais publicados e não publicados de organizações governamentais e não governamentais as principais fontes de análise política e outra literatura relacionada.

Método de conceção da amostra

Os aglomerados populacionais situavam-se principalmente na periferia da cidade. Nekemte foi selecionada propositadamente por ser uma cidade em rápido crescimento na parte ocidental do país, onde os aglomerados populacionais são mais prevalecentes. Em segundo lugar, todos os distritos administrativos das cidades foram seleccionados com base na extensão do problema dos ocupantes e na sua contribuição para a expansão urbana não planeada, a fim de obter informações fiáveis. Em terceiro lugar, com base nos dados sobre os ocupantes, é selecionada uma amostra de cada região administrativa utilizando um método de amostragem aleatória sistemática.

Quadro 1: Distribuição da amostra de agregados familiares

S.N	Administrative divisions	Total squatter population	Sample size
1	Bakanisa Qase	375	19
2	Calalaqi	825	41
3	Bakke Jamaa	187	9
4	Dargee	274	13
5	Qasoo	476	23
6	BurqaaaJatoo	409	20
	Total	2546	125

Fonte: Estudo de campo de 2015

Procedimentos de organização e análise de dados

Os dados obtidos de várias fontes foram compilados em quadros, figuras e mapas. Neste estudo, foi utilizada uma abordagem qualitativa e quantitativa. A investigação qualitativa é uma abordagem multimétodo que envolve uma abordagem interpretativa e naturalista do objeto de estudo. Isto significa que os investigadores qualitativos estudam as coisas no seu ambiente natural e tentam compreender ou interpretar os fenómenos em termos dos significados que as pessoas lhes dão. A investigação qualitativa implica o uso investigativo e a recolha de uma variedade de materiais empíricos (Denzin & Lincoln in: Riley & Love 2000:168). Foi utilizado um método quantitativo para descrever as condições demográficas e socioeconómicas da população da amostra.

Quadro concetual da investigação

O agachamento é causado por muitos factores. Estes factores estão intimamente ligados entre si. Estes factores foram considerados como as principais causas da ocupação urbana e estão inter-relacionados. Por exemplo, o rendimento do agregado familiar está diretamente relacionado com a ocupação ilegal sem ter em conta as políticas governamentais e a posse. O rendimento desempenha um papel importante como o principal fator que influencia significativamente o acesso à habitação. O rendimento e a habitação estão diretamente relacionados e, quanto maior for o rendimento de um agregado familiar, maior será a procura de habitação, o que, por sua vez, aumenta o preço médio da habitação.

Figura 1 Quadro de investigação

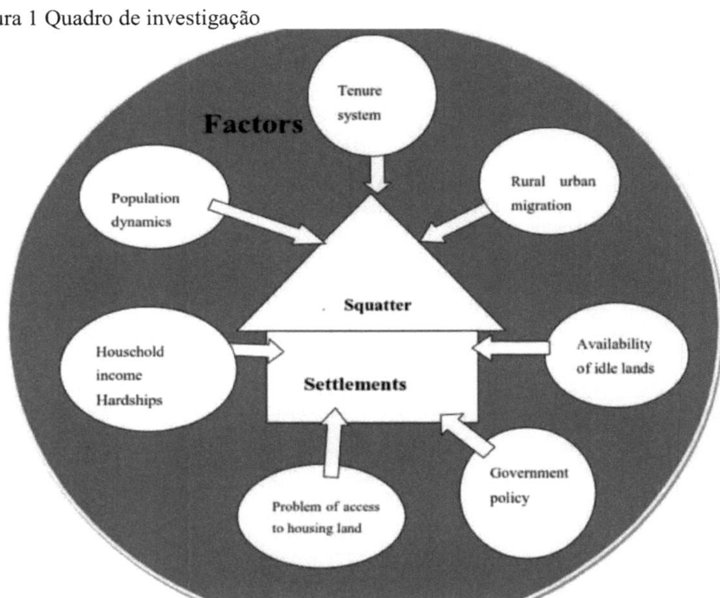

Fonte; desenvolvido pelo autor

O modelo foi desenvolvido com base no pressuposto de que a fixação de ocupantes é altamente influenciada por vários factores, incluindo o acesso à terra, a posse, a migração rural-urbana, as dificuldades de rendimento das famílias, as políticas de habitação do governo, a disponibilidade de terras não utilizadas e a dinâmica populacional. O sistema de posse é a causa da ocupação, na medida em que a posse se refere ao direito das famílias às casas e à terra que ocupam. Por conseguinte, se o sistema priva os habitantes urbanos deste direito, estes são obrigados a ocupar ilegalmente as suas próprias casas.

A fase de urbanização nos países em desenvolvimento em geral, e na área de estudo em particular, está a ocorrer ou a estender-se a terrenos agrícolas rurais ou ao que chamamos suburbanização, onde há terrenos não utilizados ou terrenos acessíveis para habitação ao mais baixo custo para os pobres. Das três componentes do crescimento global da população urbana (ou seja, a taxa de crescimento natural, a imigração líquida e a nova imigração), a imigração líquida é vista como o principal fator subjacente à taxa geralmente elevada de urbanização, alimentada por elevados níveis de migração rural-urbana, pelos quais são responsáveis vários factores de pressão e de atração. Os factores de pressão estão essencialmente relacionados com a pobreza e têm as suas raízes na deterioração do equilíbrio de recursos da população nas zonas rurais e, por conseguinte, no declínio da propriedade per capita de terras aráveis e de pastagem, bem como de gado. Os factores de atração, por outro lado, estão relacionados com o facto de as zonas urbanas estarem geralmente em situação relativamente melhor do que as suas congéneres rurais em termos de disponibilidade de emprego e de serviços sociais.

Como citado por Esayas Ayele (2000), o papel das formas institucionalizadas de provisão de habitação privada foi completamente abandonado desde meados da década de 1970, tendo sido assumido pelo governo. A produção de habitação era um processo muito dispendioso para os pobres nas zonas urbanas, que exigia um investimento elevado, o que indiretamente requer uma política de habitação governamental forte e aberta, que convide investidores internos e externos para a produção de habitação. As políticas governamentais devem prestar especial atenção às populações urbanas pobres.

Os governos locais foram eleitos para fornecer ou assegurar a prestação adequada de serviços aos seus círculos eleitorais. Os objectivos de desenvolvimento, democraticamente eleitos em princípio, orientaram o plano de ação dos governos. Os objectivos dos governos locais podem ser: criar uma estrutura espacial urbana eficiente, melhorar a qualidade ambiental, melhorar a acessibilidade da habitação, reduzir os tempos de deslocação, evitar o congestionamento no centro da cidade, melhorar as oportunidades de emprego.

Os instrumentos de planeamento para a realização destes objectivos incluem a regulamentação da utilização dos solos, os investimentos em infra-estruturas e a política fiscal. Os planos directores urbanos incluem frequentemente os objectivos da cidade e os instrumentos para concretizar essa visão. No entanto, devido ao excesso de regulamentação e à falta de análise quantitativa, os regulamentos contradizem-se frequentemente, os objectivos são inconsistentes e os instrumentos podem não atingir os objectivos para os quais foram desenvolvidos.

A atual concentração de ocupantes é o resultado de um crescimento demográfico sem precedentes e da corrida das zonas rurais economicamente deprimidas para as cidades, que muitas vezes prometem uma vida melhor. O desafio para o direito é encontrar um equilíbrio entre as necessidades e os interesses do país no âmbito do atual sistema jurídico.

O solo é simultaneamente a caraterística mais comum e uma das mais complexas das cidades, tanto nos países industrializados como nos países em desenvolvimento. Se houver disponibilidade de terrenos suficientes e adequados para as utilizações urbanas mais importantes, como habitação, infra-estruturas, comércio, lazer e indústria, estão reunidas as condições básicas para uma cidade ou região urbana produtiva. Inversamente, podem ocorrer distorções se os terrenos forem escassos ou demasiado caros para determinadas utilizações e se os mercados não funcionarem corretamente, o que, por sua vez, é suscetível de reduzir a produtividade global das zonas urbanas.

Capítulo 3 Conceptualização do espaço vital e termos relacionados

O acesso a uma habitação adequada e a preços acessíveis é um requisito básico para o bem-estar humano, mas na maioria das grandes cidades do mundo em desenvolvimento, uma grande parte da população vive apenas nas formas mais rudimentares de abrigo. De acordo com a ONU (2002) e Bethel (2003), habitação é um termo amplo que pode ser definido de diferentes formas e com diferentes significados. A habitação pode ser definida como "um abrigo puro, um conjunto de habitações ou alojamentos que incluem todas as instalações separadas e espaços abertos utilizados para a habitação humana, quer tenham ou não sido originalmente concebidos para esse fim".

Toda a gente precisa de uma casa. A habitação é importante porque oferece privacidade e segurança, bem como proteção contra influências físicas. Uma boa habitação melhora a saúde e a produtividade dos residentes, contribuindo assim para o seu bem-estar e para o desenvolvimento económico e social geral. Uma casa é também um bom investimento, e os proprietários utilizam frequentemente os seus bens para poupar. A casa é um ativo importante para o seu proprietário; pode gerar rendimentos através de actividades domésticas e servir de garantia para empréstimos (Sheng e Meta; 2000).

Definição de ocupantes e bairros de lata

De acordo com (Hari Srinivas b1991), um aglomerado populacional pode ser definido como uma área residencial que se desenvolveu sem título legal de propriedade da terra e/ou sem autorização de planeamento das autoridades competentes; em resultado do seu estatuto ilegal ou semi-legal, as infra-estruturas e os serviços são geralmente inadequados. Há três características principais que nos ajudam a compreender os aglomerados populacionais: A caraterística física, a caraterística social e a caraterística jurídica, e as razões para estas características estão interligadas. Os aglomerados físicos caracterizam-se *por* serviços e infra-estruturas que estão abaixo do nível adequado ou mínimo. Estes serviços são infra-estruturas de rede e sociais, tais como abastecimento de água, saneamento, eletricidade, estradas e esgotos, escolas, centros de saúde, mercados, etc. *As características sociais dos* agregados familiares nos aglomerados populacionais pertencem ao grupo de rendimentos mais baixos, trabalhando como trabalhadores assalariados ou em várias empresas do sector informal. Em média, a maior parte deles recebe salários iguais ou próximos do salário mínimo. No entanto, o nível de rendimento dos agregados familiares também pode ser elevado, uma vez que têm rendimentos de maio e de empregos a tempo parcial. Os ocupantes são predominantemente migrantes, quer do campo para a cidade, quer da cidade para o campo. No entanto, muitos são também ocupantes de segunda ou terceira geração.

Do ponto de vista jurídico, a principal caraterística de uma colónia de ocupantes é o facto de não possuir a propriedade do terreno onde construiu a sua casa. Pode tratar-se de terrenos públicos ou estatais não utilizados, mas também de terrenos marginais, como aterros de caminhos-de-ferro ou terrenos pantanosos indesejáveis.

Bairro de lata

Um bairro residencial de alta densidade numa determinada cidade que consiste predominantemente em habitações precárias e é habitado principalmente por pessoas pertencentes à classe de rendimento mais baixa (Solomon; 1985)

A UN-Habitat (2002) define os bairros de lata como aglomerados contíguos cujos habitantes se caracterizam por (i) insegurança do estatuto de residência, (ii) acesso inadequado a água potável, (iii) acesso inadequado a saneamento e a outras infra-estruturas e serviços básicos, (iv) má qualidade estrutural da habitação e (v) sobrelotação.

Conceitos de propriedade do solo urbano

A abordagem orientada para o mercado

Tal como citado por J. K. Nyametso (2010), os defensores da escola de pensamento orientada para o mercado, como Feder e Feeny (1991), de Soto (2000), Lanjouw e Levy (2002), afirmam que a titulação da terra (utilizada de forma ambígua como segurança da posse) aumenta o valor da terra e a sua utilização como garantia para empréstimos. Quando a terra é registada e titulada, é transformada num bem comercializável que pode ser facilmente negociado e convertido de uma utilização ineficiente para uma utilização eficiente. Isto, por sua vez, aumenta a fiabilidade das transacções de terras e reduz o custo da proteção dos direitos fundiários e da resolução de litígios. Além disso, os proponentes são a favor da criação de mercados fundiários,

Feder e Noronha (1987) argumentam que a proteção adequada dos direitos e interesses na terra é assegurada porque o registo e a titulação da terra garantem a documentação de todas as propriedades relacionadas com a terra, o que tem um impacto positivo na produtividade. No entanto, é discutível se a abordagem baseada no mercado ou o registo do título de propriedade é o meio ideal de obter direitos fundiários para os pobres e de os proteger da desapropriação, uma vez que é o mesmo sistema de mercado que excluiu as pessoas com baixos rendimentos do mercado fundiário e da habitação e levou algumas delas a ocupar casas ilegalmente. (J. K. Nyamet 2010)

Tal como já foi discutido por vários académicos, as abordagens orientadas para o mercado ignoram, portanto, o direito de propriedade do terreno para habitação, a menos que se compre o terreno sob a forma de mercadorias. Esta abordagem ignora o direito à habitação das pessoas com baixos rendimentos no centro da cidade.

A abordagem baseada nos direitos

A abordagem baseada nos direitos foi adoptada pelas Nações Unidas em Istambul, na Turquia, em 1996, na chamada Declaração de Istambul (Barman2006). A Declaração estabelece o quadro para a igualdade de acesso à terra para todas as pessoas. A Declaração apela aos governos nacionais para que assegurem que todos os cidadãos, independentemente do género, idade, estatuto de pobreza ou outras características, tenham igual acesso à terra e para que estes direitos sejam legalmente protegidos (UN-Habitat2003).

UN-Habitat (2002) citado em Degu Bekele (2014): "Viver num lugar e criar o seu próprio espaço de vida com segurança não deve ser visto como um luxo ou uma mera sorte para aqueles que podem pagar uma casa decente. Pelo contrário, a necessidade de habitação para a segurança pessoal, a privacidade, a saúde, a segurança, a proteção contra os elementos e outros atributos da humanidade comum levou a comunidade internacional a reconhecer a habitação adequada como um direito humano básico e fundamental. Assim, o acesso à terra e à habitação foi declarado um direito humano básico para todos os cidadãos do mundo (UNCHS 1996). Para além disso, a Declaração promoveu a transparência na forma como a terra é atribuída e transferida. Os Estados signatários foram também instados a aumentar a oferta de habitação a preços acessíveis em benefício dos cidadãos, incentivando o investimento na habitação. Ao incorporar os direitos fundamentais universais na política de desenvolvimento, os governos nacionais seriam forçados a dar prioridade às necessidades e ao bem-estar dos seus cidadãos mais pobres

(J. K. Nyametso (2010).

Abordagem de capacitação

Friedmann (1992), citado por Asmamaw Legass **(2010), afirma que os** membros destituídos de poder da sociedade não dispõem de meios de desenvolvimento e "precisam da ajuda de organizações religiosas, sindicatos e mesmo do Estado" para satisfazer as necessidades básicas da vida. Por conseguinte, a abordagem do empoderamento exige a inclusão de garantias de desenvolvimento para os grupos sociais mais vulneráveis, como os ocupantes urbanos, em todos os programas de desenvolvimento.

Os ocupantes de terras nas cidades do Terceiro Mundo são os membros mais desfavorecidos da sociedade. Vivem em casas pequenas, precárias e sobrelotadas, principalmente na cidade ou na periferia, e beneficiam de escassos benefícios sociais. Para melhorar as suas vidas, os pobres urbanos poderiam ser capacitados para participar nas decisões que afectam as suas vidas. Isto deve-se ao facto de a teoria do desenvolvimento alternativo se centrar na satisfação das necessidades das pessoas e na utilização sustentável do ambiente, em vez da produção com fins lucrativos (ibid.).

De acordo com esta teoria, o desenvolvimento deve minimizar ou, se possível, superar os problemas centrais da sociedade, como a pobreza, a desigualdade social, o desemprego e outros.

Urbanização e problemas de habitação no Terceiro Mundo
Tendências da urbanização

Tal como claramente referido por Berhanu (2001) e pelas Nações Unidas (1998), a urbanização é um termo amplo que engloba uma vasta gama de processos, actividades e organização social. É um processo que ocorre de duas formas: através do aumento do número de cidades e através do aumento da dimensão das cidades individuais. O processo continua, uma vez iniciado, à medida que mais e mais pessoas migram do campo para as cidades; inicialmente, a população urbana tende a crescer à custa da população rural. Parece inevitável que a população mundial acabe por se urbanizar, uma vez que o mundo está atualmente a viver uma rápida mudança urbana. Estima-se que, no final do século XXI, pela primeira vez na história, mais de metade da população mundial viverá em zonas urbanas, em comparação com apenas cerca de dez por cento no início do século XX (ONU, 1998; Bekele, 2003).

A UNICEF (1992) parte do princípio de que o Terceiro Mundo continuará a urbanizar-se rapidamente e que a população urbana mais do que quadruplicará entre 1980 e 2025, passando de 159 milhões para 4,4 milhões. Durante o mesmo período, prevê-se que a proporção da população do Terceiro Mundo que vive em centros urbanos aumente de 28,9 para 61,2 por cento da população total do Terceiro Mundo. Estas previsões indicam que a população de quase todas as cidades de África e de muitas cidades da Ásia e da América Latina com 500 000 ou mais habitantes irá, pelo menos, triplicar no ano 1980 e no ano 2000.

POPULAÇÃO URBANA EM PERCENTAGEM DA POPULAÇÃO TOTAL POR REGIÃO Fonte: K. Nsiah-Gyabaah (2003)

Processo de urbanização na Etiópia

De acordo com estimativas recentes das Nações Unidas citadas por Shlomo Angel e outros (2013), a população urbana da Etiópia deverá triplicar entre 2010 e 2040, com uma taxa média de crescimento de 3,5 % por ano. Atualmente, a Etiópia é um dos países com a urbanização mais rápida do mundo. Entre os 80 países com mais de 10 milhões de habitantes em 2010, a Etiópia tem a décima quinta taxa mais elevada de crescimento previsto da população urbana entre 2010 e 2040.

Estima-se que cerca de 16% da população total da Etiópia viva atualmente em zonas urbanas, o que faz do país um dos menos urbanizados da África Subsariana. No entanto, apesar deste baixo nível de urbanização, o país tem uma das taxas de urbanização mais elevadas mesmo em comparação com os países em desenvolvimento, estimada em 5,4% para o período entre os censos (1984-1994). Esta taxa é também muito mais elevada do que a taxa média de crescimento da população nacional total, que se estima em 3,5%. (UN-HABITAT 2011).

A economia etíope continua a ser essencialmente agrária e a parte dos sectores secundário e terciário no PIB é limitada. Consequentemente, o nível de urbanização foi muito baixo, só ganhando impulso no período pós-Segunda Guerra Mundial com a introdução e consolidação de uma burocracia estatal moderna, sistemas de transportes, serviços públicos, etc. O grau de urbanização era de apenas 3% no final da Segunda Guerra Mundial, aumentando para 6% em 1960, 11% e 14% em 1994, estimando-se que tenha atingido 16% em 2003 e que represente 20% da população total em 2020.

Problema de habitação urbana vs. acesso a propriedades urbanas

Como salienta S. Angel (2009), a oferta de terrenos não deve ser artificialmente restringida para que as cidades possam expandir-se ao ritmo atual para acomodar o crescimento da população ou o aumento da procura de espaço devido ao aumento dos rendimentos. Os estrangulamentos na oferta de terrenos conduzem a um aumento dos preços dos terrenos e, como estes são um fator importante na construção de habitações, a um aumento dos preços das casas. Quanto mais apertadas forem as restrições, menor será a capacidade do mercado imobiliário para responder ao aumento da procura e maior será a probabilidade de os preços da habitação subirem. E quando os terrenos residenciais são muito difíceis de encontrar, a habitação torna-se inacessível O solo e a habitação são uma das características e benefícios mais fundamentais de uma economia urbana, que é um mercado grande e diversificado. No entanto, os problemas de disponibilidade e

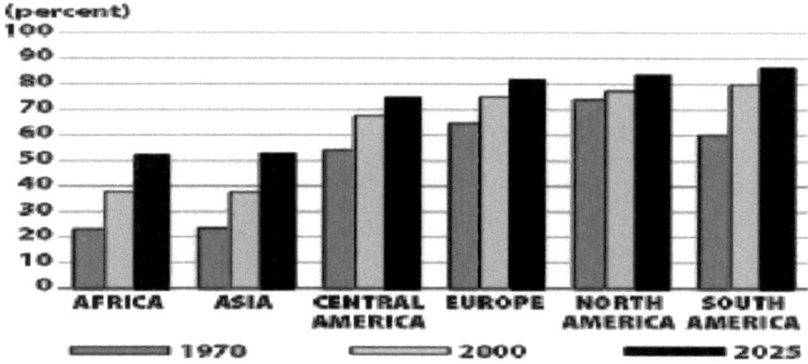

acessibilidade de terrenos para empresas e habitação, bem como as restrições de transporte que limitam a mobilidade efectiva de bens e mão de obra, podem levar a cidade a fragmentar-se em subzonas desarticuladas que se tornam becos sem saída, especialmente para os pobres (Banco Mundial; 2005). Esta é também uma forma de quebrar o ciclo da pobreza. Diferentes governos em todo o mundo têm trabalhado com diferentes graus de sucesso para fornecer uma oferta adequada de terras como parte de uma política de uso sustentável da terra. A abordagem do problema sempre variou de país para país devido a diferenças nas leis nacionais e/ou na posse da terra. A proliferação de aglomerados irregulares em muitas cidades dos países em desenvolvimento reflecte as crescentes desigualdades na distribuição da riqueza e dos recursos. Garantir o acesso equitativo à terra sempre foi uma tarefa difícil para muitos governos, embora a maioria das barreiras ao acesso à terra para os pobres urbanos seja quase óbvia (T. Gondo; 2008). O acesso à terra é um elemento essencial da conservação urbana. A terra urbana na Etiópia é propriedade do governo. As disposições relativas à posse de terrenos urbanos (Proclamação n.º 272/2000) estão previstas na Constituição da República Federal Democrática da Etiópia

Capítulo 4 O CONTEXTO DO DOMÍNIO DE INVESTIGAÇÃO

Nekemte, a capital da Administração da Zona Oriental de Wellega, está situada a cerca de 330 quilómetros por estrada a oeste de Adis Abeba. A população total estimada é de mais de 90.000 pessoas. Nekemte é um dos centros urbanos mais importantes da Etiópia ocidental. Nekemte é também uma das cidades da reforma no estado regional nacional de Oromiya (Instituto de Planeamento Urbano de Oromia 2008).

Figura 2: Mapa da zona de estudo

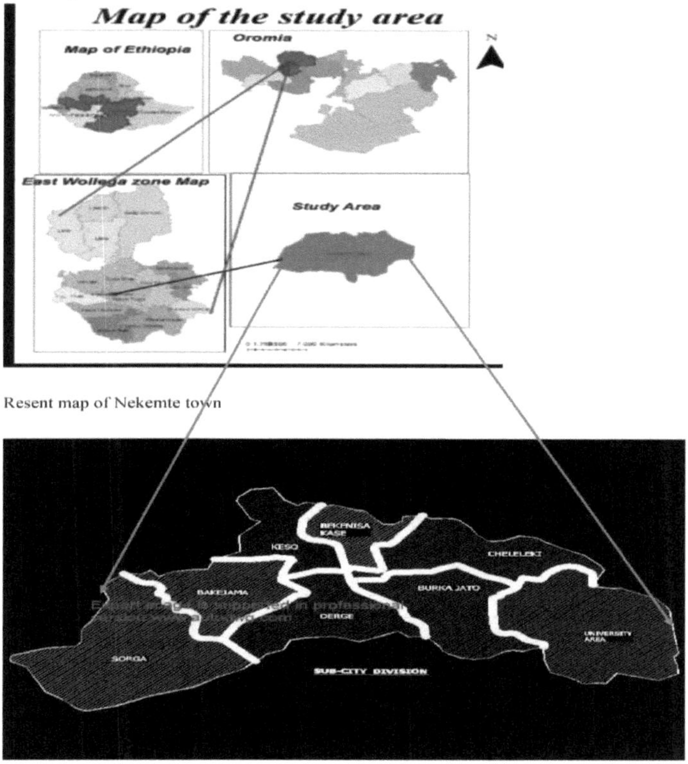

Antecedentes históricos

De acordo com o Instituto de Planeamento Urbano de Oromia, existem três pontos de vista sobre a origem do nome "Nekemte". O primeiro ponto de vista parte do princípio de que o nome Nekemte remonta a uma frase histórica: "Nekemte Gada Habo", que indica que a zona servia originalmente como local onde o Conselho Gada local realizava as suas reuniões.

O segundo ponto de vista tenta interpretar a palavra nekemte como estando em filas, referindo-se às casas que eram construídas em filas na altura. Em nítido contraste, a segunda interpretação da palavra invoca a palavra original Oromo "Nakamte" ou "Nakatamte", que significa literalmente "noivo". O terceiro ponto de vista associa o nome Nekemte ao nome do primeiro povoador da zona, que era conhecido pelo mesmo nome. Alguns informadores afirmam que a pessoa que tinha este nome viveu muito provavelmente num local situado a cerca de 500 metros a nordeste da atual Igreja de Santa Maria (ibid).

Evolução histórica de Nekemte

Nekemte no tempo antes de 1936

Historicamente, o aparecimento de cidades na Etiópia remonta ao domínio do imperador expansionista Menelik sobre esta região. Mas o aparecimento de Nekemte não se enquadra nesta história. De acordo com os relatos de dois viajantes britânicos, Weld Blundell e Major Gwyn, a área da atual Nekemte era densamente povoada na segunda metade do século XIX.[th] Weld Blundell estimou a população da área de Nekemte em cerca de 40.000 pessoas quando a percorreu, enquanto o segundo explorador, Major Gwyn, descreveu a área como "um parque inglês muito densamente povoado" (Solomon, 1979).

Nekemte durante a ocupação italiana

É verdade que o centro urbano da Etiópia se desenvolveu inicialmente como uma espécie de acampamento militar, facto que esteve também na base da expansão de Nekemte como cidade. De acordo com (OUPI 2008), o rápido crescimento da população em Nekemte continuou até à invasão italiana em 1936. Após a queda de Adis Abeba sob a ocupação italiana, cerca de 300 cadetes da Escola Militar de Holeta fugiram para Nekemte e organizaram-se num grupo de resistência patriótica chamado "*TikurAnbesa*" ou "Leão Negro", sob a tutela de Dejazmach Habte Mariam (KumsaMoroda).

Após a ocupação italiana em 1941, Nekemte tornou-se a capital da região administrativa de Wellega. A cidade foi aparentemente dividida em três grandes bairros para fins administrativos; o primeiro bairro (Andegna sefer) era constituído pela zona de Ghibi e arredores, o segundo bairro (Huletegna sefer) compreendia principalmente a zona em torno da Igreja de Iyesus, enquanto o terceiro bairro (Sostegna sefer) incluía as zonas de Shewa Ber e Buna Board. O estatuto de município foi atribuído a Nekemte em 1942.

Tal como a OUPI referiu em 2008, Nekemte registou progressos consideráveis durante o regime do Derg. Dois factores muito importantes conduziram à evolução positiva que a cidade conheceu no período pós-1974. Além de pedir à população que contribuísse financeiramente para o desenvolvimento de Nekemte, o programa chegou ao ponto de aumentar o preço unitário das bebidas engarrafadas numa margem fixa, a fim de utilizar as receitas para financiar projectos de construção em Nekemte. O segundo fator importante que teve um impacto significativo na economia de Nekemte durante o período Derg foi a abertura de várias explorações agrícolas governamentais de grande dimensão no interior imediato de Nekemte.

O crescimento acelerado da população e a expansão espacial de Nekemte continuaram a um ritmo ainda mais rápido depois de as Forças Democráticas Revolucionárias do Povo Etíope (EPRDF) terem tomado o poder em 1991. Isto apesar da alteração do estatuto administrativo da cidade, que passou de capital da antiga e muito maior região de Wollega para capital da muito mais pequena zona de Wellega Oriental.

Enquadramento geográfico

Localização

Como já foi referido, Nekemte situa-se no oeste do Estado Regional Nacional de Oromiya, a uma distância de 331 km a sudoeste de Adis Abeba e 250 km a noroeste de Jimma.
[0000]A sua posição astronómica é 9 46 N e 36 31 E, enquanto a sua altitude é de 2088 metros acima do nível do mar. A cidade estende-se linearmente, principalmente ao longo da autoestrada Addis Ababa-Assosa.

Clima

Temperatura

De acordo com os registos de vários dados meteorológicos (por exemplo, temperatura, precipitação anual, altitude, etc.), Nekemte situa-se na zona climática de Woyna Dega (semi-húmida). Este tipo de clima é adequado tanto para a fixação humana como para as actividades económicas. [0]Segundo os dados da Agência Meteorológica Nacional da Etiópia, a temperatura média anual da cidade é de 20 °C. (OUPI 2008)

Aspectos demográficos e socioeconómicos de Nekemte

Demografia

Embora a Etiópia seja um dos países menos urbanizados de África, a população urbana está a crescer a um ritmo alarmante de cerca de 6% ao ano (Fassil; 1989, Taddesse; 2000, Tesema; 2003).

De acordo com o Instituto de Planeamento Urbano de Oromia, a população de Nekemte remonta a 1965. Em 1965, quando foi realizada a primeira ronda do inquérito por amostragem a nível nacional, a população de Nekemte era de 12 345. No segundo inquérito por amostragem, realizado cinco anos mais tarde, em 1970, a população da cidade aumentou para 16 228. Os dois recenseamentos da população e da habitação realizados a nível nacional, em 1984 e 1994, revelaram uma população de 28 703 e 47 100 habitantes, respetivamente. A população da cidade em 2008, estimada pelo CSA, é de 92 709 habitantes

Quadro 2: Evolução da população da cidade de Nekemte

Year	Population Size
1965	12345
1970	16228
1984	28703
1994	47100
2008	92709

Fonte: OUPI 2008

Figura 3 Exemplo de bairros de lata no bairro de Nekemte (Down Town)

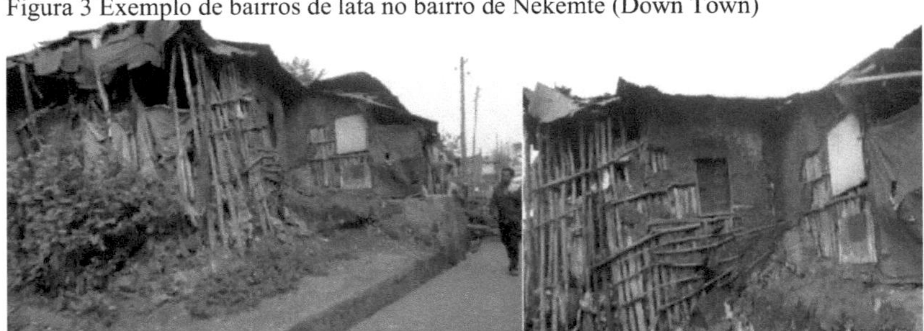

Fonte: Observação no terreno 2015

Figura 4 Vista parcial de Nekemte em redor do centro

Fonte: Observação no terreno 2015

Emprego

A rápida urbanização na Etiópia não se deve ao desenvolvimento económico, mas sobretudo à forte migração da população do campo para as cidades e ao aumento natural da população nos centros urbanos. A maioria das zonas urbanas da Etiópia é povoada principalmente por pessoas em idade ativa que não têm emprego. Por conseguinte, o desemprego é um problema crítico nos centros urbanos da Etiópia devido à falta de criação de emprego no sector formal. À semelhança de outros problemas urbanos na Etiópia, a situação na cidade de Nakemte é particularmente má. Embora não existam dados recentes sobre o desemprego na cidade, pensa-se que existe uma elevada taxa de jovens desempregados na cidade. De acordo com o Instituto Urbano de Oromia, o número de desempregados em 2008 era de 4.231 pessoas que tinham concluído o ensino formal após o 10.º ano e possuíam um diploma.

Estimativa da procura de habitação em Nekemte 2008 a 2018

Quadro 3 Necessidades de habitação na área de estudo 2008-2018

S/N	Components of Housing Need	Housing Need (in No. of units)
1	Redressing existing backlogs	3330
2	Replacing dilapidated units	6240
3	Accommodating newly created households	11,555
	Total	21,125

Fonte: Instituto de Planeamento Urbano de Oromia 2008

De acordo com as estimativas do Instituto de Planeamento Urbano de Oromia, serão necessários 21 125 apartamentos nos próximos 10 anos. No entanto, a situação real na cidade de Nekemte pode ser mais elevada do que a estimativa apresentada. Isto mostra que surgiram aglomerados populacionais devido à falta de habitações.

Capítulo 5 Discussão e análise dos resultados
Situação socioeconómica dos agregados familiares da amostra

5.1.1 Composição etária dos inquiridos

Quadro 4 Estrutura etária dos inquiridos

Sub city	Age status of household heads				
	18-24	25-34	35-44	45+	Total
Burqa jato	3	12	3	2	20
Chalalaqi	7	17	13	4	41
Bakkanisaqase	3	8	7	1	19
Bake jama	1	4	3	2	9
Darge	1	6	5	1	18
Kaso	2	8	9	3	23
Total	17	55	40	13	125

Fonte: Estudo de campo de 2015

Como mostra a Tabela 4, a maioria dos agregados familiares ocupados na altura do estudo tinha entre 25 e 34 anos de idade. A partir deste resultado, o investigador pode concluir que a população jovem que migra das zonas rurais circundantes para Nekemte em busca de oportunidades de emprego, de uma vida melhor e de educação é a causa da maioria das ocupações na área de estudo.

De acordo com (UN-Habitat 2003), o fator mais consistente que distingue os proprietários do resto da população é a sua idade. Os proprietários tendem a ser mais velhos do que os outros proprietários e muito mais velhos do que os inquilinos. Em muitas cidades, os inquilinos tendem a brilhar em extremos opostos da faixa etária. Na maioria das cidades do mundo, os inquilinos tendem a ser jovens, especialmente estudantes que entram no mercado da habitação pela primeira vez e migrantes.

Os ocupantes ilegais eram também jovens migrantes, na sua maioria oriundos do bairro.

Quadro 5: Estado civil dos chefes de família

Sub city	Marital status of household heads				
	Single	Married	Divorced	Separated	Total
	Frequency	Frequency	Frequency	Frequency	
Burqa jato	8	11	1	-	20
Chalalaqi	12	26	1	2	41
Bakkanisaqase	8	10	-	1	19
Bake jama	3	6	-	-	9
Darge	1	10	1	1	13
Kaso	3	18	1	1	23
Total	35	81	4	5	125
Percent	28%	64.8%	3.2%	4%	100%

Fonte: Estudo de campo de 2015

Como mostra a Tabela 4.2, a maioria dos ocupantes na área de estudo era casada, com uma percentagem de 64,8 e 28% eram chefes de família solteiros. A partir da tabela, pode generalizar-se que a maioria dos agregados familiares eram colonos permanentes porque o casamento é uma classe social que mostra as características de estabilidade e aumenta o custo de vida para os pobres, uma vez que o número de famílias excede a sua capacidade económica, o que os impede de ter a sua própria habitação.

Os casamentos também têm a sua própria contribuição para as pessoas que ocupam o centro da cidade. Depois do casamento, é mais provável que os habitantes da cidade queiram ter a sua própria casa, porque com uma família numerosa é difícil pagar uma renda no centro da cidade.

A maioria das pessoas que migram das zonas rurais para os centros urbanos são jovens solteiros em busca de oportunidades de emprego, condições de vida seguras e outras coisas, o que não é apenas verdade para a cidade de Nekemte. Devido à falta de habitação no local de destino, estes migrantes são obrigados a ocupar ilegalmente os centros urbanos.

5.1.3 Nível de escolaridade do entrevistado

Quadro 6 Nível de instrução dos chefes de família

Sub cities	1-6	7-10	10 or 12 +certificate	University	
	Frequency	Frequency	Frequency	Frequency	Total
Burqa jato	2	7	8	3	20
Chalalaqi	4	14	18	5	41
Bakkanisaqase	1	8	7	3	19
Bake jama	1	2	5	1	9
Darge	-	5	7	1	13
Kaso	2	7	12	2	23
Total	10	43	57	5	125
Percent	8%	34.4%	45.6%	12%	

Fonte: Estudo de campo de 2015

Nos países em desenvolvimento, a maioria da população rural migra das zonas rurais para as cidades em busca de uma vida mais segura. Esta situação não é exclusiva da cidade de Nekemte. Assim, o Quadro 4.3 mostra que a maioria da população da amostra tinha formação académica. Isto indica que a população de elite não está disposta a viver nas zonas rurais em busca de qualidade de vida, o que internamente a obrigou a possuir terras ilegalmente.

5.1.4 Situação profissional dos chefes de família da amostra

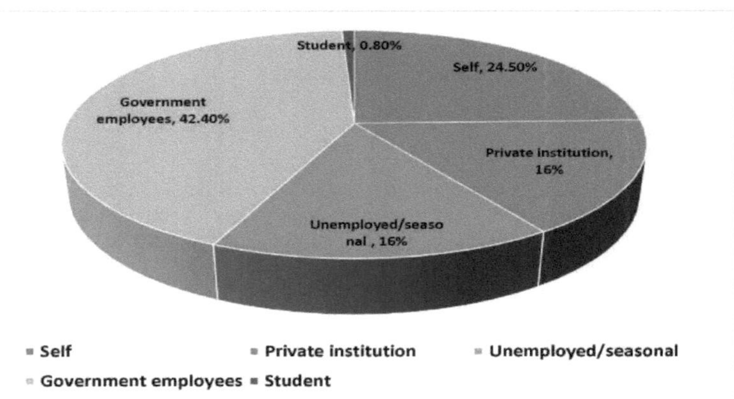

Figura 5 Distribuição da situação profissional dos chefes de família da amostra

Fonte: Estudo de campo de 2015

A Figura 5 mostra que 42,4% e 24,5% dos chefes de família da amostra eram empregados do Estado e do sector privado, respetivamente. Em contrapartida, a proporção de chefes de família sem emprego e empregados em organizações privadas era de 16%. As características profissionais dos inquiridos apresentadas no quadro acima indicam que a maioria dos chefes de família são funcionários públicos com baixos rendimentos que não podem pagar a sua própria casa.

A partir do inquérito aos chefes de família, o investigador pôde generalizar que, na cidade de Nakamte, a maior parte das pessoas que foram forçadas a ocupar terras devolutas, terras agrícolas e outras terras ilegais eram, na sua maioria, funcionários públicos. Isto deve-se ao facto de os funcionários terem baixos rendimentos, o que não lhes permite competir no mercado pela posse de terra.

5.1.5 Situação económica dos agregados familiares da amostra inquiridos

Sub city	Income interval of household heads					
	500- 1000	1001-1500	15001-2000	2001- 3500	>3500	Total
Burqa jato	10	5	3	2	-	20
Chalalaqi	17	10	8	4	2	41
Bakkanisaqase	9	5	3	2	-	19
Bake jama	4	3	2	-	-	9
Darge	5	4	2	2	-	13
Kaso	8	10	3	1	1	23
Total	53	37	21	13	3	125
Percent	42.4%	29.6 %	16.8%	10.4%	2.4%	100%

Quadro 7 Rendimento mensal dos chefes de família

Fonte: Estudo de campo de 2015

O rendimento mensal das ocupações em Nakamte era muito baixo, tendo em conta o mercado de arrendamento do governo. Isto sugere que, se tivessem um rendimento sustentável, poderiam assegurar a sua posse porque tinham os meios para o fazer. Por conseguinte, haveria um incentivo para investir mais nas suas casas e melhorar a sua vizinhança imediata.

O financiamento da habitação é fundamental para a disponibilização de alojamento e a concretização de uma habitação condigna para todos. Uma política de habitação eficaz só pode dar resposta às necessidades de financiamento se o sistema de distribuição de habitação permitir que todos tenham acesso à habitação, seja através da compra, do arrendamento ou da construção de autoajuda e, quando absolutamente necessário, através do acesso subsidiado a unidades básicas. A disponibilidade de financiamento adequado para a habitação é a pedra angular de qualquer programa de habitação eficaz e sustentável, porque sem uma política e um programa de financiamento da habitação bem concebidos, poucas são as acções eficazes para melhorar o ambiente de povoamento. O financiamento da habitação é um instrumento muito importante para o êxito da aplicação da Agenda Habitat (UN-Habitat, 2002). Como mostra o Quadro 7, 42% dos chefes de família incluídos na amostra tinham um rendimento mensal de 500 a 1000 Birr etíopes e 29,6%

e 16,8% tinham um rendimento mensal de 1001 a 1500 e 1501 a 2000, respetivamente.

5.1.6 Anos de residência dos chefes de família em Nekemte

Figura 6, Distribuição dos anos de residência da população do agregado familiar em nekemte

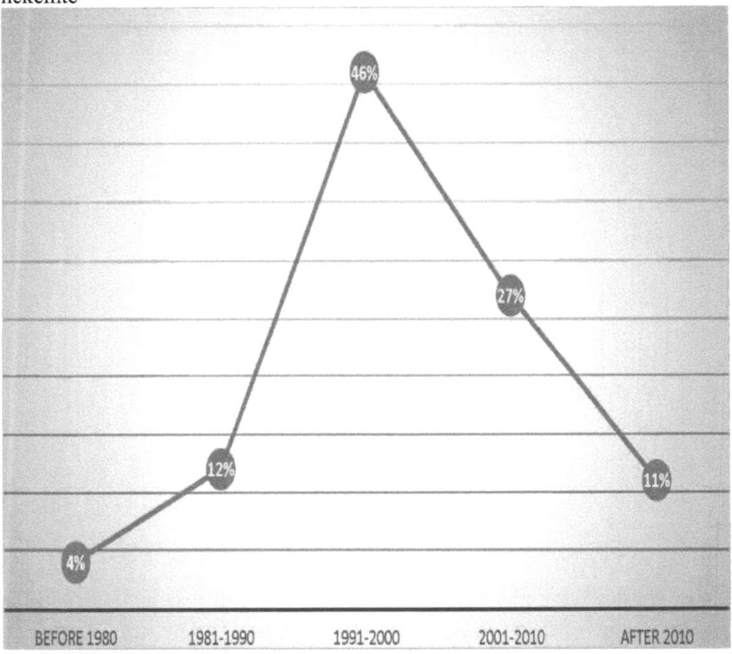

Fonte: Estudo de campo de 2015

A urbanização é um fenómeno recente no contexto etíope porque, como já foi explicado na unidade dois, a taxa de urbanização é muito elevada, mesmo para os padrões globais, embora a urbanização seja uma lei. Por conseguinte, a taxa de urbanização é medida em termos de população. A Figura 6 mostra que os aglomerados populacionais aumentaram recentemente na cidade de Nekemte. A maioria (46 por cento) dos chefes de família da amostra instalou-se em Nekemte entre 1991 e 2000.
De um modo geral, apercebi-me de que a rápida expansão da cidade de Nekemte era um acontecimento muito recente.

5.1.7 Origem dos chefes de família da amostra

Quadro 8; Origem da amostra de agregados familiares

Sub city	Area of origins				
	Nekemte	East wollega Zone	From the rest of wollega zones	Other	Total
Burqa jato	2	14	3	1	20
Chalalaqi	6	24	7	4	41
Bakkanisaqase	4	10	3	2	19
Bake jama	-	5	3	1	9
Darge	2	7	4	-	13
Kaso	5	10	6	2	23
Total	19	70	26	10	125
Percent	15.2%	56%	20.8%	8%	100%

A migração rural-urbana foi/é um grande problema nas zonas urbanas, onde a população se desloca em massa das zonas rurais para os centros urbanos, a fim de ter boas oportunidades de trabalho e acesso a outros serviços sociais. Na realidade, trata-se de um problema grave, uma vez que não existem nas zonas urbanas instalações como a indústria para acolher esta grande deslocação da população, o que, pelo contrário, conduz ao desemprego e à insegurança nas zonas urbanas.

Tanto a urbanização como a migração interna estão a prosseguir a nível mundial. Como as cidades são consideradas o território e a experiência de metade da população mundial, os dois processos de urbanização e migração estão intimamente ligados. A migração é um fenómeno predominantemente urbano e é importante compreender o impacto da migração na urbanização e no desenvolvimento urbano sustentável. A urbanização é também uma parte importante do processo de globalização - as zonas urbanas continuam a ser os principais destinos e locais de fixação dos migrantes em todo o mundo, e a dinâmica do crescimento urbano e da urbanização está muitas vezes estreitamente ligada à dinâmica da migração. As alterações demográficas estão a contribuir para a rápida urbanização, reestruturação e metropolização. Dada a natureza inexorável da urbanização e da dinâmica migratória e o reconhecimento de que a pobreza está a deslocar-se das zonas rurais para as zonas urbanas, é importante enfrentar estes desafios. (UNHABITAT 2008).

O local de nascimento é uma das variáveis sociais explicativas que afectam as condições de habitação e tem sido sugerido como um fator que causa a instalação de ocupantes em áreas urbanas, uma vez que a maioria dos habitantes urbanos são migrantes.

A Tabela 8 mostra que a maioria dos chefes de agregados familiares entrevistados (56%) era da cidade de Nekemte, zona de Wollega Oriental, e os outros eram de diferentes regiões, como a zona de Wollega Ocidental, o estado regional de Amhara, a zona de Wollega Hero-Guduru e alguns da zona de Shaw Ocidental. Durante o inquérito, perguntou-se aos chefes de família por que razão tinham deixado o seu local de origem.

O quadro acima mostra que quase todos os chefes de família migraram para a cidade por
várias razões

Métodos de propriedade da terra dos agregados familiares da amostra

Figure 7   Distribuição dos chefes de família por tipo de propriedade da terra

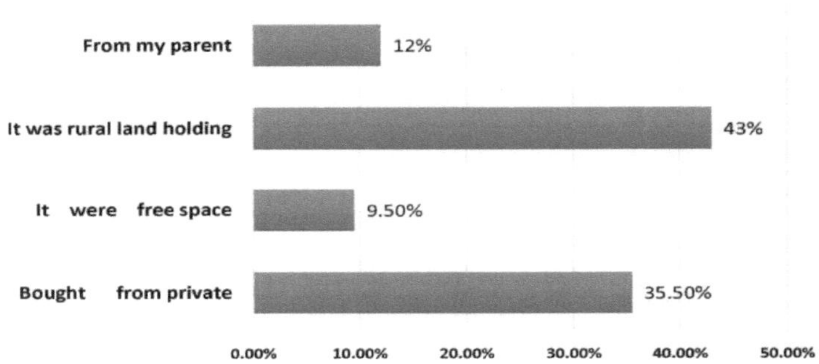

Fonte: Estudo de campo de 2015

Os chefes dos agregados familiares ocupantes adquiriram a terra na área de estudo de
diferentes formas. Segundo o inquérito aos chefes de família, a maioria deles (43%)
adquiriu terras rurais (35,5%) a particulares, especialmente aos agricultores vizinhos e
aos seus pais (12%), ou a terras devolutas (9,5%). Isto leva à perda de terras agrícolas, à
desflorestação, à degradação dos solos, à expansão urbana não planeada e a muitos outros
problemas na região.

Figure 8   Razões apresentadas pelos agregados familiares da amostra para a posse ilegal
de terrenos residenciais

Fonte: Estudo de campo de 2015

Para milhões de habitantes urbanos pobres das regiões em desenvolvimento do mundo,
as zonas urbanas sempre foram um meio de melhorar a sua qualidade de vida e o seu
ambiente, bem como de criar melhores empregos e rendimentos. Por esta razão, muitas
pessoas deslocam-se para os centros urbanos em busca das oportunidades indicadas, o
que leva ao descontrolo da propriedade dos terrenos para habitação.
O inquérito aos chefes de família identificou factores-chave, tais como o atraso na

resposta do governo à questão dos direitos de propriedade da terra, a transferência pouco clara de terras rurais para as zonas urbanas, a falta de dinheiro para pagar os elevados padrões de construção e os custos de arrendamento, e o custo da renda da habitação. A maioria da população da área de estudo (31%) foi forçada a ocupar as suas casas porque não podia pagar a terra e esta não era acessível. Outros 27% dos ocupantes ou chefes de família justificaram a sua posse ilegal invocando a demora na resposta do município.

A figura 8 mostra que os espaços urbanos abertos não controlados e a transferência ilegal de terrenos rurais de particulares sob a forma de venda ou doação, a falta de medidas governamentais abrangentes e claramente definidas contra a construção ilegal e os limites pouco claros entre as zonas urbanas e as terras agrícolas são as principais causas do problema da ocupação.

Finalidade das áreas em frente à quinta

Figura 9: Distribuição dos inquiridos de acordo com o objetivo da propriedade antes da exploração

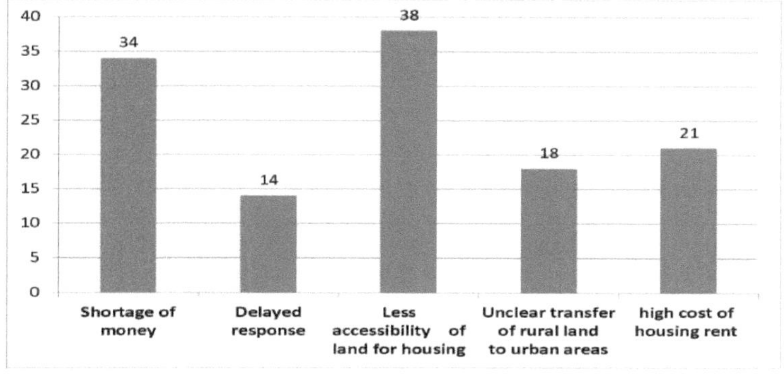

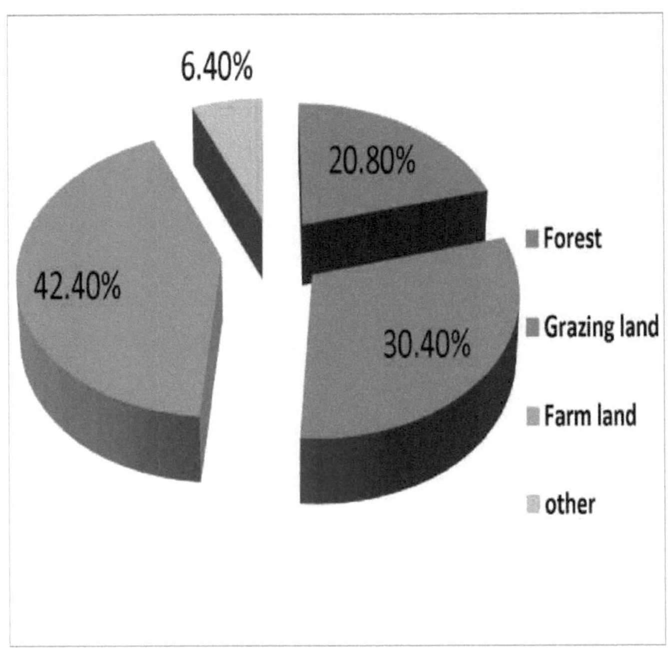

Fonte: Estudo de campo de 2015

Os pobres dos países em desenvolvimento são frequentemente vistos como vítimas e agentes da degradação ambiental. Na maioria dos casos, parecem ser simultaneamente vítimas e actores involuntários. No entanto, os habitantes urbanos pobres são claramente vítimas e não agentes da degradação ambiental (Chamhuri Binsiwar 2001).

Como mostra a Figura 6, a maioria dos chefes de família estava instalada em terras agrícolas (42%) e 30,4% e 20% dos inquiridos estavam instalados em terras de pastagem e floresta, respetivamente. O inquérito aos chefes de família mostra que o processo de ocupação de terras pode afetar não só o ambiente natural, mas também o aspeto social e económico das pessoas. A ocupação de terras também prejudica a economia agrícola rural, uma vez que desloca os agricultores das suas terras.

Indicadores da qualidade das unidades de alojamento. Além disso, a disponibilidade de instalações de casa de banho e cozinha e a eliminação segura e eficiente dos resíduos humanos estão entre as primeiras instalações básicas.

Tabela; 9 Distribuição percentual do mobiliário doméstico no agregado familiar da amostra

	Number	Percent
Public bono	60	48%
Shared tap	5	4
Private tap	1	0.8
Other sources	40	32
Not stated	19	15.2
Source of electricity		
Private meter	5	4
Shared meter	93	74.4
No electricity	12	9.6
Not stated	10	8
Toilet facilities		
No toilet	19	15.2
Shared	14	11.2
Private	87	69.6
Not stated	5	4
Kitchen facilities		
Traditional private	102	81.6
Traditional shared	15	12
Modern private	-	
Modern shared	-	
Not stated	8	6.4
Bathing type		
Private shower	-	
Shared shower	-	
Private bath	10	8
No shower	91	72.8
Not stated	24	
Solid west disposal		
Collected by authorized collectors	-	
Collected by self-appointed or informally	7	5.6
Occupant burn sold waste	46	36.8
There is no collection at all	64	51.2
Note stated	8	6.4

Fonte: Estudo de campo de 2015

Como se pode ver no Quadro 9, durante o inquérito, o estudo centrou-se principalmente em seis instalações da habitação, nomeadamente abastecimento de água, eletricidade, casas de banho, cozinha, casa de banho e eliminação de resíduos. O abastecimento de água é uma das instalações habitacionais mais importantes que nos ajuda a determinar se a casa é acessível ou não. De acordo com a tabela acima, a maioria dos agregados familiares da amostra tinha acesso a água de várias fontes, tais como torneiras privadas e partilhadas, torneiras públicas e outras fontes. 48 por cento da população dos agregados familiares da amostra tinha acesso a água de torneiras públicas. Tal como se verificou no inquérito aos agregados familiares, a população da amostra tinha de percorrer longas distâncias para aceder à água das torneiras públicas. Embora a maioria partilhasse a sua fonte de água com outros, o estudo não identificou um problema exagerado de água. Em termos de eletricidade, a maioria da população partilhava o contador de eletricidade com outros. Isto indica que não têm direito ao seu próprio contador de eletricidade devido à ilegalidade da unidade de alojamento. No que diz respeito às instalações sanitárias, o resultado do inquérito aos agregados familiares na Tabela 9 mostra que os agregados ocupados têm, na sua maioria, casas de banho privadas tradicionais. No que diz respeito às áreas de eliminação de resíduos, garantir a forma habitual de recolha e eliminação dos resíduos sólidos gerados pelos ocupantes da unidade de alojamento é muito importante para a proteção da saúde humana e do ambiente nas áreas urbanas.

De acordo com a informação obtida durante o inquérito, mais de metade (51%) dos inquiridos não recolhia quaisquer resíduos vendidos, 36,8% queimavam os resíduos vendidos perto da sua unidade residencial e 5,6% dos inquiridos recolhiam os resíduos por conta própria ou informalmente. Este facto tem um impacto negativo no ambiente e na saúde humana na zona. Em geral, existe um problema com as instalações de eliminação de resíduos para os ocupantes entrevistados devido à sua ilegalidade na cidade de Nakemte.

Figura 3 Eliminação incorrecta de resíduos na zona de estudo

Legislação e quadro político no domínio da habitação

Panorama histórico da política de habitação na Etiópia

Apesar da sua longa história de desenvolvimento urbano, a Etiópia ainda não tem uma política ou estratégia nacional abrangente para a habitação urbana. No entanto, o país adoptou várias políticas que influenciaram o curso do desenvolvimento do sector nacional da habitação urbana, pelo menos nas primeiras décadas do século XX.

De acordo com o Banco Mundial (2005), as políticas de habitação devem beneficiar a grande população que vive nos bairros de lata e nos bairros de lata. Uma política "cega" não é suficiente para garantir que o direito à habitação seja progressivamente realizado e que, eventualmente, toda a população urbana seja alojada de forma adequada. É necessário desenvolver políticas e programas que visem regularizar e melhorar os assentamentos dos pobres urbanos, sempre que possível, e proceder à deslocação voluntária dos habitantes dos bairros de lata e dos ocupantes para novos locais adequados, quando a regularização e a melhoria não forem possíveis. A política de habitação deve promover uma divisão do trabalho e das responsabilidades entre o governo, as comunidades com baixos rendimentos, as organizações da sociedade civil e o sector privado, cada um fazendo o que sabe fazer melhor.

Como observaram Solomon (1999) e Asefa (2008), o problema da habitação na Etiópia, tal como em todas as outras cidades do Terceiro Mundo, deve-se a políticas e programas de habitação irrealistas e inflexíveis. Na década de 1970, surgiu uma política claramente delineada para o solo urbano e a habitação e, na década de 1950, houve também algumas directrizes para a utilização do solo. No entanto, estas iniciativas foram travadas pela construção de terrenos urbanos nas mãos de alguns senhores feudais e pela falta de financiamento para o investimento no sector da habitação. Segundo Abraham (2007), o principal instrumento de implementação da política habitacional do governo militar foi a Proclamação sobre a Propriedade Governamental de Terrenos Urbanos e Casas Adicionais (Proclamação n.º 47/1975), que efetivamente excluía o arrendamento ou a venda de propriedades pelo sector privado.

Após a nacionalização das habitações fora da cidade pelo regime de Durge, este tentou resolver o problema da habitação para as pessoas urbanas com baixos rendimentos, reduzindo a renda das habitações públicas para menos de 100 Birr etíopes por mês e produzindo habitações para satisfazer as necessidades de habitação das pessoas com baixos rendimentos. Para incentivar o desenvolvimento de cooperativas, o governo militar etíope recorreu a uma série de incentivos. Estes incluíam a atribuição gratuita de terrenos, empréstimos hipotecários com uma taxa de juro de 10% para a compra de habitação e de 9% para a construção, independentemente do tipo de promotor. Contudo, em 1986, o Banco para a Construção e Segurança da Habitação começou a conceder empréstimos a cooperativas e associações de habitação pública a uma taxa de juro de 6% para a compra e de 4,5% para a construção.

Desde a transição em 1991, o governo tem-se esforçado por introduzir uma abordagem mais orientada para o mercado na construção de habitações. Com a introdução da Proclamação sobre o Arrendamento de Terrenos Urbanos em 1993, o Governo definiu o arrendamento como a forma preferida de posse. O prazo de arrendamento varia entre 99 anos para habitações ocupadas pelos proprietários e 50 anos para utilizações comerciais e outras. Embora a lei dê às regiões o poder de fixar os preços de arrendamento, estipula que os terrenos arrendados devem ser vendidos em leilão. Os terrenos utilizados para serviços sociais e habitação económica podem ser arrendados gratuitamente (Decreto n.º 80/1993).

A partir dessa perspetiva histórica, a pesquisa generalizou que, durante o regime militar, foram feitas tentativas de resolver o problema da habitação para os moradores urbanos de baixa renda.

Interface entre a colónia de ocupantes e a política de habitação

A acessibilidade dos terrenos para habitação é medida pela sua disponibilidade para o utilizador final, tendo em conta a viabilidade económica de todos os utilizadores. Em geral, o crescimento da população nas zonas urbanas aumenta a procura de terrenos por parte do Estado, dos particulares e das pessoas colectivas, pelo que esta procura desequilibrada de terrenos para habitação exige uma política crítica. Assim, na política de arrendamento de terrenos, o Estado tem a maior quota-parte de acesso aos terrenos no âmbito da política de arrendamento de terrenos em regime de concorrência aberta, porque os terrenos pertencem ao Estado. Em segundo lugar, as pessoas singulares e colectivas ricas, para além do governo, têm grande acesso ao solo urbano para diversos fins, mas os pobres urbanos têm pouca escolha. Por conseguinte, estes indivíduos são forçados a ocupar informalmente áreas marginais de fogos urbanos ou limites.

Devido à realidade descrita acima, os pobres urbanos foram sujeitos a uma outra forma de evacuação, nomeadamente a evacuação do mercado. Esta evacuação do mercado é o resultado da concorrência de mercado exercida sobre os pobres urbanos, por exemplo, através da oferta de aluguer de terrenos, aluguer de habitação e condições de vida caras nas zonas urbanas.

Política de arrendamento de terrenos

O Oxford Student Dictionary 1988, citado por Belachew Yirsaw (2010), define o arrendamento como um acordo escrito em que o proprietário de um terreno ou de um edifício acorda com outro o pagamento de uma renda fixa e por um período definido. É um acordo contratual que concede o direito exclusivo de posse de um terreno ou de um período de tempo determinável que é mais curto do que o interesse da pessoa que faz a concessão. O interesse criado pela concessão é formalmente conhecido como um termo de anos, mas é normalmente referido como um aluguer ou arrendamento.

Farvacque e McAuslan definem "free hold tenure" como a propriedade absoluta da terra. O sistema de posse de terra na Etiópia passou por vários sistemas de posse de terra. Este sistema expandiu-se sob diferentes regimes governamentais. Exemplos notáveis são o sistema de posse livre antes de 1975, o sistema controlado pelo Estado de 1975 a 1992 e o sistema de posse pública de 1993 até à atualidade.

A propriedade horizontal tem uma duração indefinida e é hereditária. A propriedade arrendada, por outro lado, envolve um senhorio e, na maioria dos casos, a posse é de duração fixa. A principal diferença entre os dois é o facto de o arrendatário estar sujeito às leis do país e às condições de arrendamento estabelecidas pelo senhorio, ao passo que o arrendamento livre está vinculado apenas às leis do país e nada mais. O arrendamento não é novo na Etiópia, mas antes de 1974 fazia parte de uma série de sistemas de posse de terra. A Proclamação n.º 80/1993 tornou-o parte do sistema global de propriedade fundiária urbana. A Política Nacional de Arrendamento de Terrenos Urbanos foi adoptada para resolver as desigualdades causadas pela nacionalização dos terrenos e casas urbanos (Pro. n.º 47/1975).

Áreas urbanas de Oromia sob proclamação de arrendamento

Quadro 10: Distribuição das cidades em Oromia sob proclamação de arrendamento

Group	Towns
1st order towns (9)	Burayu, Sabat, Sululta, Lagaxafo lagadadi, Galan, Dukem Bishoftu, Adama Shashimane
2nd order towns (11)	Mojo, Nekemte, Jima, Asalla, Waliso Ambo, Bishan Guracha, Sandafa, Bakee Batuu, Holotaa Managasha
3rd order towns	Boqoji, Dodala, Arsi-Nagale, Goba, Ginir, Ya'abalo, Bule-Hora, Nagale, Adola, Haramaya, Dadar, Awaday, Ciro
4th order towns	Bodesa, Shambu Matu, badele adale, Dambi Dalo, Agaro, Matahara, Fiche, Gimbi, Najo

Fonte: Instituto de Planeamento Urbano de Oromia

A proclamação do governo federal (Proclamação da Negarit Gazeta Federal n.º 721/2011) afirma: "O direito de utilizar o solo urbano através do arrendamento deve ser permitido para a realização do interesse comum e do desenvolvimento do povo", pelo que a proclamação concede acesso à terra a todos os residentes de forma igual através de um processo de concurso. Mas, na realidade, o processo de atribuição de terrenos foi um concurso,

Isto indica que as pessoas com baixos rendimentos nas áreas urbanas do estado em geral e na cidade de Nekemte em particular não podem pagar o custo do arrendamento porque o seu rendimento mensal é demasiado baixo. ***5.4.3.2 Preço do arrendamento de terrenos urbanos e rendimento do agregado familiar***

Os preços dos terrenos estão estreitamente ligados à oferta e à procura; se o elevado crescimento demográfico exceder a capacidade dos promotores imobiliários de disponibilizarem terrenos para a construção de habitações, os preços dos terrenos aumentarão, ou se a regulamentação fundiária limitar a oferta de terrenos, é de esperar um aumento dos preços.

Quadro11 Renda de referência para zonas residenciais

No	Town groups	Land rank	Price/m^2
	1st	1	426.00
		2	362.10
		3	307.79
	2nd	1	307.79
		2	261.62
		3	222.41
	3rd	1	222.41
		2	189.05
		3	160.69

Fonte: Instituto de Planeamento Urbano de Oromia

Como mostra a Tabela 10, o preço da terra para Nekemte cai no Grupo 2 da referência de renda de terra de Oromia. 2ndrd2Neste caso, o preço total para a primeira classe de terrenos de 160 m é 307,79x160m2 = 49246,40, a segunda classe de terrenos 160x261,62=41859,2 e a terceira classe de terrenos de 160 m 160x222,41= 35585,6. A tabela acima mostra que os preços dos terrenos nas cidades de Oromia não são acessíveis em comparação com o rendimento mensal dos agregados familiares da amostra e que era mesmo difícil efetuar o primeiro pagamento inicial de 10% do custo do arrendamento. Assim, a política de arrendamento não tem em conta os direitos dos pobres e exclui os pobres urbanos da competição por terrenos para construção. Estas más condições obrigam os pobres urbanos a possuir ilegalmente terrenos para habitação.

De acordo com a proclamação de arrendamento de terras, o pagamento de entrada ou 10% do preço total do custo do arrendamento não é sustentável com o rendimento real dos ocupantes, mostrado no Quadro 10.

Por conseguinte, esta abordagem baseada no mercado do preço de arrendamento dos terrenos não era uma abordagem inclusiva para a população pobre das zonas urbanas. Para além do pagamento da entrada, a proclamação garante a conclusão da construção dentro do período especificado no contrato de arrendamento de até 24 meses para pequenos projectos de construção, até 36 meses para projectos de construção médios e 48 meses para grandes projectos de construção.

Com base nestes períodos de tempo limitados e no rendimento real dos agregados familiares, foi demasiado fácil para a investigação investigar que, se os pobres ou os ocupantes receberem o arrendamento da terra, é difícil construir uma casa neste período devido ao custo, para além do preço da entrada.

5.4.3.3 *Conversão de imóveis antigos em imóveis arrendados*

A demarcação pouco clara da cidade, o processo de urbanização ilimitado e a interface entre estes dois problemas e a política de habitação foram outras questões críticas na área de estudo. Devido ao desenvolvimento físico da cidade, as terras agrícolas foram convertidas em terras urbanas e os antigos colonos foram considerados ocupantes se construíssem as suas casas de acordo com a política de habitação de 2005.

Tal como indicado na Proclamação n.º 721/2011 da Federal Negarit Gazeta sobre o arrendamento de terrenos urbanos, ninguém pode adquirir terrenos urbanos sem ser através de arrendamento. Nesta proclamação, o Estado Regional de Oromia estabeleceu algumas regras e regulamentos para os ocupantes urbanos, declarando que os indivíduos ou grupos que possuam ilegalmente terras e ergam estruturas para qualquer fim não serão aceites e serão ocupados pelo governo. Além disso, não será efectuada qualquer composição ou pagamento pela propriedade se as habitações ilegais forem dispersas.

5.4.3.4 *Progressos e lacunas na política de habitação*

Como já foi referido, a política de habitação da Etiópia não tem, historicamente, prestado muita atenção à ocupação urbana. Durante o regime de Haile Silasie, as casas e os terrenos urbanos só eram acessíveis aos grandes proprietários ou às pessoas ricas, e o regime militar tentou resolver o problema da falta de habitação para os pobres distribuindo habitações adicionais aos colonos urbanos de baixos rendimentos. Após a queda do regime militar, a terra urbana foi maioritariamente dividida entre os funcionários urbanos e esteve muito aberta à propriedade ilegal até à reforma fundiária urbana da Proclamação do Governo da FDRE 721/2011. No entanto, após a proclamação do arrendamento de terras urbanas, a terra tornou-se uma abordagem baseada no mercado, acessível aos habitantes urbanos ricos e, em certa medida, às pessoas com rendimentos médios. Por conseguinte, a política de arrendamento de terras continua a não ter em conta os ocupantes pobres nas cidades da Etiópia em geral e na área de estudo em particular, porque, uma vez que o processo de atribuição de terras para habitação é feito através de licitação, os vencedores são sempre os ricos, o que limita a acessibilidade das terras urbanas aos ocupantes. Em geral, o progresso e a implementação de políticas para resolver o problema da habitação em Nekemete ainda precisam de reformas para tornar os pobres participantes activos no acesso à habitação.

O resultado deste estudo mostra que o progresso e a implementação de políticas para garantir a posse da terra para habitação, especialmente o tipo associado ao registo do arrendamento da terra, aumentou o valor da terra na área de estudo. Porque a terra para habitação foi inclinada pela concorrência, a febre dos moradores urbanos ricos e o progresso da política evacuam completamente os pobres ocupantes urbanos.

Essencialmente, a política de arrendamento de terras tinha como objetivo resolver o problema da escassez de terras para habitação dos pobres urbanos na Etiópia em geral e na área de estudo em particular. No entanto, em vez de atenuar a falta de habitação na cidade, agravou o problema para além da situação anterior. Trata-se, portanto, de uma lacuna na aplicação da política para atingir os objectivos para os quais foi concebida.

5.5 O programa integrado de habitação

Atualmente, a principal abordagem do governo para resolver o problema da habitação de baixos rendimentos é o Programa Integrado de Desenvolvimento da Habitação (PIDH), que foi iniciado pelo Ministério das Obras Públicas e do Desenvolvimento Urbano (MWUD) em 2005. O PDHI tem os seguintes objectivos Aumentar a oferta de habitação para a população de baixos rendimentos, reconhecer os bairros de lata urbanos existentes e travar a sua futura expansão, aumentar as oportunidades de emprego para as micro e pequenas empresas e para a mão de obra não qualificada, o que, por sua vez, proporcionará às suas famílias um rendimento que lhes permita pagar a sua própria habitação, e melhorar a criação de riqueza e a distribuição da riqueza no país (UN-HABITAT 2010).

O programa permite que as famílias com rendimentos baixos e médios, que geralmente vivem em condições de habitação precárias, tenham acesso a melhores habitações. Ao construir unidades habitacionais permanentes e totalmente mantidas, o programa melhora significativamente as suas condições de vida, a segurança da posse e o acesso aos serviços básicos. Mais importante ainda, o programa facilitou o acesso ao crédito para as populações de baixos rendimentos através do Banco Comercial da Etiópia, onde anteriormente existiam oportunidades muito limitadas para as famílias de baixos rendimentos obterem crédito para uma melhor habitação.

Como já foi referido, o programa de habitação integrada tem por objetivo resolver o problema dos pobres nas zonas urbanas do país, em geral, e na área de estudo, em particular. De acordo com o Decreto n.º 122/99, quem quiser comprar uma casa integrada deve pagar 20% do custo total e 80% serão cobertos pelo banco para fins de habitação.

Quadro 12: Repartição dos custos dos condomínios em Nakemte com base no tipo de projeto 2000

Story level	Types of house	Duration of total payment	Dawn payment 20%	Gross Area	Cost per area birr/m²	Final Payment
Ground floor	One bed room	20 years	26014.078	50.41	2580.17	130,070.39
	Studio	20 years	12224.06	24.16	2529.58	61,120.30
First floor	Two bed room-1	15 years	34499.60	65.54	2630.76	172,498.01
	Studio	20 years	13437.18	25.06	2681.35	67185.89
Second floor	Two bed room-1	15 years	34499.60	65.54	2630.76	172,498.01
	Studio	20 years	12676.58	25.06	2529.58	63,382.90
Third floor	Two bed room-1	15 years	31678.48	67.57	2415.64	158,392.41
	Studio	20 years	11639.98	25.06	2322.73	58,199.92

Curso; Centro administrativo da cidade de Nekemte 2015

Como mostra a Tabela 12, o rendimento médio mensal dos agregados familiares entrevistados era inferior a 1500 Birr etíopes. Mas quando vemos o programa integrado de habitação, o custo da habitação, seja para o pagamento final ou inicial, é muito elevado em comparação com o rendimento mensal do agregado familiar. Por conseguinte, o programa de habitação não é a solução para o problema da habitação dos pobres na área de estudo. Isto deve-se ao facto de a atribuição da prestação ser dispendiosa e exceder o rendimento do agregado familiar para pagar todos os custos da casa. De acordo com a Tabela 4.14, o custo do programa integrado de habitação para um quarto individual no rés do chão (estúdio) é de 61.120,30 e a entrada é de 12224 birr, o que é demasiado difícil para os pobres urbanos pagarem o montante indicado.

Problemas preocupantes e contradições

Embora exista uma política clara de arrendamento de terras nas áreas urbanas da Etiópia em geral e na cidade de Nekemte em particular, a implementação e as características exclusivas da política de arrendamento não podem resolver o problema dos ocupantes pobres na área de estudo. Por um lado, existem as abordagens legais de arrendamento que tentam resolver a causa estrutural da formação de aglomerados populacionais devido à falta de acesso dos pobres à terra. Por outro lado, quando a política é aplicada de forma estritamente prática à área de estudo, apoia abordagens repressivas que expulsam os colonos informais, muito provavelmente os pobres, do centro da cidade.

Os problemas mais salientes que podem ser considerados como tensões adicionais na área de estudo foram a conversão ilegal de terras rurais ou agrícolas em terras urbanas, o que é muito perigoso para o ambiente e está na origem da ocupação de terrenos na cidade. A política de arrendamento original não pode resolver a falta de habitação para os pobres urbanos, o que também pode ser considerado um problema. Por conseguinte, o número de ocupantes continua a ser elevado, o que tem um impacto direto no desenvolvimento

Capítulo 6 Conclusão e recomendação

Conclusões

Em resumo, pode dizer-se que o processo de urbanização na área de estudo foi muito forte

e que houve uma grande procura de terrenos para construção de habitações. O

crescimento da população urbana deveu-se principalmente à migração das zonas rurais

para a cidade de Nekemte. Este facto reveste-se de grande importância no contexto do

aumento constante do desemprego nas cidades, da pobreza e do aumento das

desigualdades socioeconómicas. Estes factores, por sua vez, significam que a ocupação

está a tornar-se cada vez menos uma opção na área de estudo. De acordo com as

conclusões do estudo, o problema da ocupação é o baixo rendimento, a inacessibilidade

da terra para habitação devido às políticas governamentais, a má compreensão das

políticas de arrendamento, a demarcação pouco clara da cidade e outros factores.

É evidente que existe uma política para resolver a situação de ocupação na zona de estudo.

No entanto, há uma necessidade urgente de medidas práticas para colmatar o fosso entre

a política e a realidade da implementação. A política visa essencialmente resolver o

problema da habitação dos pobres urbanos, mas verificou-se que a política, devido à sua

natureza competitiva, incentiva as pessoas a ocuparem ilegalmente terras para fins residenciais. Na abordagem competitiva orientada para o mercado da propriedade de terrenos urbanos, não há lugar especial para os pobres. Por conseguinte, existe uma clara discrepância entre a aplicação prática da política e os aglomerados populacionais.

Além disso, o governo está a tentar resolver o problema da falta de habitação para os habitantes pobres da cidade através da construção de condomínios. Tal como o arrendamento de terrenos, a construção de condomínios não é acessível para os residentes pobres da área de estudo. É inegável que os pobres não podem sequer pagar a entrada para a compra de apartamentos comunitários. Por conseguinte, a condição é muito adequada para as pessoas de rendimento médio e, em certa medida, para as pessoas de rendimento médio da concorrência

Recomendação

Dependendo dos resultados deste estudo, recomendo as seguintes acções que devem ser tomadas pela agência relevante. Ou seja, o que é que o governo (a nível central e local) precisa de saber para melhor planear, implementar e medir os resultados das suas intervenções para melhorar as condições de vida das populações urbanas pobres e garantir um desenvolvimento urbano sustentável?

Tanto o governo central como os governos locais devem formular políticas adequadas para conciliar o elevado crescimento demográfico nas cidades com um número limitado de habitações urbanas, com ênfase na distribuição equitativa de terrenos para todos os residentes urbanos.

Os limites urbano-rurais foram um dos problemas no surgimento de aglomerados populacionais na área de estudo. Por conseguinte, o governo local deve definir os limites exteriores das zonas urbanas para controlar atempadamente a expansão urbana ilegal.

Embora o terreno para construção de habitação seja um recurso básico, existe uma escassez do mesmo devido à grande população urbana. Para resolver o problema, a Câmara Municipal deve, portanto, adotar uma política adequada de atribuição de terrenos para construção de habitações, cujo custo seja proporcional ao rendimento.

O governo deve capacitar os pobres urbanos. A maioria dos chefes de família na área de estudo pertence aos grupos de baixos rendimentos e foi forçada a viver principalmente em alojamentos alugados devido à concorrência do mercado, à escassez de terrenos para a construção de habitações e a outros constrangimentos

que os obrigaram a possuir ilegalmente terrenos para a construção de habitações.

Devido a esta situação, a capacitação financeira do governo para os pobres foi

utilizada para colmatar o fosso entre o elevado mercado de terrenos para

construção e o rendimento legal das famílias em competição.

REFERÊNCIAS

. J. K. Nyametso (2010), Improvement of Squatter Settlements: The Link between Tenure

Security, Access to Housing, and Improved Living and Environmental Conditions

Nova Zelândia

Asmamaw Legass (2010), Challenges And Consequences Of Displacement And

Squatting: The Case of Kore Area In Addis Ababa, Ethiopia Journal of Sustainable

Development in Africa (Vol. 12, No. 3,) ISSN: 1520-5509 Clarion University of

Pennsylvania, Clarion, Pennsylvania

Bekele Melese, (2003), Impediments to Cooperative Housing in Amhara region, the

case of Bahir Dar city, Regional and local development studies, Addis Ababa

University.

Berhanu Mengistu; (2001), Governance and Sustainable Development: Promoting Co-

operation (Governação e Desenvolvimento Sustentável: Promover a Cooperação)

Bethel Tefera; (2003), Policy Challenge in Period of Transition to Market Oriented

Economy, the case of Residential Houses in Woredas 4 and 7 Addis Ababa,

Degu Bekele (2014), Progress and remedy of squatting in Burayu town, Ethiopia

Ethiopian Civil Service

Universidade, Adis Abeba, EtiópiaDesenvolvimento

Esayas Ayele (2000), Impact of policy on the housing sector using the example of

Addis Ababa

Ministério da Construção e do Desenvolvimento Urbano, Etiópia

Feder e Noronha (1987), Feder, G & Noronha, R 1987, "Land Rights Systems and

Agricultural Development in Sub-Saharan Africa", *The World Bank Research*

Observer, vol. 2,

Feder, G & Feeny, D (1991), 'Land Tenure and Property Rights: Theory and

Implications for

Growth and Poverty Reduction - Working Paper No. 97, Transport and Urban

Development,

Global Urban Development Magazine (2006 vol 2), Informal Settlements and the

Millennium Development Goals: Global Policy Debates on Property

Ownership and Security of Tenure.

Lanjouw e Levy (2002), led: A Study of Formal and Informal Property Rights in Local

Development studies, Universidade de Adis Abeba.

S.Angel; 2009. Demographia International: Housing affordability survey. Seminários

preparatórios para a Assembleia Geral das Nações Unidas, Sessão Especial sobre

Assentamentos Humanos.

Shlomo Angel e et.al (2013), Expansão Urbana A Iniciativa de Expansão Urbana da

Etiópia: Relatório Intercalar 2

Solomon Mulugeta e Ruth McLeod; (2004). Homeless International Feasibility Study

for Application Community Land Infrastructure Finance Facility operations in

Ethiopia (Estudo de viabilidade da aplicação do Mecanismo de Financiamento

de Infra-estruturas Terrestres Comunitárias na Etiópia)

Solomon Mulugeta; (1985) Addressing the housing shortage in Addis Ababa - the case

of housing construction

T. Gondo; (2008). O sistema de distribuição de terras urbanas da Etiópia e o desafio da

pobreza: Questões,

Challenges and prognosis; Local Governance & Development Journal Volume 2

Number 2, Municipal Development Partnership for Eastern & Southern Africa.

Programa de Mestrado em Gestão Urbana Faculdade da Função Pública da

Etiópia Adis Abeba, Etiópia.

UNCHS; 2000 United Nation Centre for Human Settlements, an overview of urban

poverty in

ONU-Habitat; (1996). Nações Unidas Habitat; um mundo em urbanização - Relatório

global sobre a situação humana

(2002), Financing Adequate Shelter for all: Addressing the Housing finance (2003),

Rental Housing An essential option for the urban poor in developing countries.

(2008), Programa Regional e Técnico das Nações Unidas para os Assentamentos

Humanos

(2010). UN-Habitat para um melhor futuro urbano condomínios na Etiópia o programa

integrado de habitação, Nairobi, Quénia

UNICEF; (1992). Desenvolvimento Internacional Desenvolvimento Infantil entra a

criança urbana no Terceiro Mundo; tendências de urbanização e algumas

questões principais, Buenos Aires. Equador urbano", *The Economic*

Journal, Vol. 112, No. 10,

W. Vliet e Fava (1985), Willem van Vliet, Elizabez Huttman e Sylvia Fava; (1985).

Housing Needs and Housing Policy - Trends in Thirteen Countries,

Duke University Press, Durham.

Banco Mundial; (2005). The Urban Transition in Sub Saharan Africa Implication for

Economic

Y. Sheng e A. Mehta; (2000). Guia Rápido 1: Urbanização, desenvolvimento urbano e

política de habitação, Estados Unidos.

Jan K. Brueckner (2014) Cities in Developing Countries: Driven by rural-urban

migration, lack of tenure security and lack of affordable housing

Índice

I want morebooks!

Buy your books fast and straightforward online - at one of world's fastest growing online book stores! Environmentally sound due to Print-on-Demand technologies.

Buy your books online at
www.morebooks.shop

Compre os seus livros mais rápido e diretamente na internet, em uma das livrarias on-line com o maior crescimento no mundo! Produção que protege o meio ambiente através das tecnologias de impressão sob demanda.

Compre os seus livros on-line em
www.morebooks.shop

Printed by Books on Demand GmbH, Norderstedt / Germany